AF234330

CRIS DES ANIMAUX

LIBRAIRIE GARNIER FRÈ[RES]
6, RUE DES SAINTS-PÈRES — P.

LE MOUTON BÊLE

Avec la laine des Moutons,
on fait les vêtements douillets et les chaudes couvertures.

LE COQ CHANTE

Le Coq, par son cocorico vainqueur,
chaque matin annonce l'aurore.

LA POULE GLOUSSE

Dame Poule a trouvé une Chenille,
vite elle appelle ses Poussins.

LE PIGEON ROUCOULE

Le père et la mère Pigeon s'entendent parfaitement et ne se quittent jamais.

L'HIRONDELLE GAZOUILLE

Dès les premiers froids, les Hirondelles se réunissent pour partir vers les pays chauds.

L'ABEILLE BOURDONNE

Tout le long du jour, les Abeilles laborieuses butinent dans les fleurs.

LA CHOUETTE HULULLE

Cette Chouette si vilaine
détruit quantité de Rats et de Souris.

LA GRENOUILLE COASSE

Au moindre bruit la Grenouille plonge
ou se cache parmi les feuilles.

LE SERPENT SIFFLE

Le Boa est vorace, il avale une Gazelle
et s'endort pour digérer.

LE CHAT MIAULE

Minet n'est pas content, on lui a mangé sa pâtée.

LE CHIEN ABOIE

Le Chien de garde veille; gare aux Maraudeurs.

LE PETIT CHIEN JAPPE

Loulou est le favori de la maison,
il a sa place dans le salon.

LE RENARD GLAPIT

Le Renard déploie toutes ses ruses,
pour dérober les Poules du fermier.

LE TAUREAU MUGIT

Le Taureau lutte jusqu'à la mort
contre les picadors et les toréadors.

LA VACHE MEUGLE

Dans la montagne, les Vaches paissent en liberté.

LE CHEVAL HENNIT

Le Cheval est la plus noble conquête de l'homme.

L'ANE BRAIT

L'Ane est très sobre,
son régal est une touffe de chardons.

LE LOUP HURLE

L'hiver les Loups affamés rôdent autour des villages.

LE LION RUGIT

Le Lion est le roi des animaux;
il est le maître du désert.

L'ÉLÉPHANT BARRIT

L'Éléphant se sert de sa trompe
comme d'une main pour ramasser sa nourriture.